Bibliographic information published by the German National Library:

The German National Library lists this publication in the National Bibliography; detailed bibliographic data are available on the Internet at http://dnb.dnb.de .

Imprint:

Print and binding: Books on Demand GmbH, Norderstedt Germany
ISBN: 9783668701281

This book at GRIN:

https://www.grin.com/document/424944

Jhoan Aldana , Luis Purizaca

Enfonque de las medidas de riesgo VaR y Expected Shortfall

GRIN Verlag

FACULTAD DE CIENCIAS

DEPARTAMENTO DE MATEMATICAS

TESIS:

Enfoque matemático para las medidas de riesgo VaR y Expected Shortfall

Tesis presentada por Luis V. Purizaca R. y L. Jhoan Aldana P. para obtener el grado de licenciado en la Universidad Nacional de Piura.

Índice general

Introducción I

1. Conceptos Preliminares **1**
1.1. Teoría de Probabilidad 1
1.2. Teoría Convexidad 10
1.3. Diversificación 10

2. Teoría de Riesgo **13**
2.1. Medidas de Riesgo 13
2.2. Value-at-risk 16
2.3. Expected Shortfall 20

3. Aplicación **23**
3.1. Retorno de portafolio 23
3.2. Métodos de estimación 23
3.3. Caso de Aplicación 25
3.3.1. Cálculo del VaR y Expected Shortfall 25

4. Conclusiones **31**

5. Recomendaciones **33**

A. Basilea **35**

B. Expected Shortfall **37**

C. Aplicación: Especificaciones **41**

Bibliografía **43**

*Dedicado a
nuestra familia por el
apoyo incondicional en
todo momento.*

*Y a Ti que me acompañaste
en esos momentos*

Introducción

El presente trabajo de investigación, nace de la inquietud por mostrar una de las poderosas aplicaciones que tiene la matemática abstracta en los fenómenos económicos como son las medidas de riesgo financiero los cuales tienen sus bases en la teoría de la medida así como en la convexidad pues hoy en día se busca obtener indicadores de manera precisa.

Por ello, durante años, numerosas instituciones e investigadores han realizado diversos estudios para obtener medidas que gestionen eficientemente los riesgos a los que se ven sometidos. En ese sentido, uno de los pasos críticos es construir una apropiada medida de riesgo. Posiblemente reforzada por las nuevas tendencias en la regulación de instituciones financieras y la reacción de la comunidad académica a los requerimientos prácticos, las medidas de riesgo es uno de los temas de rápida evolución tanto en lo teórico como en el campo práctico. Un ejemplo importante es el de JP Morgan, cuya metodología "RiskMetrics"fue divulgada en el año 1995, lo cual supuso una revolución en la gestión de riesgos moderna, dando paso al conocido Value at Risk (VaR) y, en los últimos años, el Expected Shortfall (ES). En ese sentido, la optimización de carteras que minimizan el riesgo de mercado es una de las preocupaciones en la gestión de carteras de renta variable y renta fija, enfatizando la importancia de comparar las bondades de estas medidas.

En el Capítulo I, se dan preliminares donde se definen los conceptos básico de teoría de la probabilidad así como la teoría de la convexidad necesarios para las consideraciones posteriores.

En el Capítulo II, definiremos la teoría de riesgo la cual nos permite estudiar las medidas de riesgo y saber cuándo estas son medidas de riesgo coherentes para luego definir el VaR y ES cada uno con su respectivo ejemplo.

En el Capítulo III, daremos una aplicación del VaR y ES que es los métodos de estimación los cuales se dividen en modelos paramétrico y no paramétricos.

Capítulo 1

Conceptos Preliminares

En este capítulo daremos algunos conceptos matemáticos necesarios para poder definir una medida de riesgo. Este capítulo lo dividiremos en tres partes: Una primera parte estará asociada a la teoría de la probabilidad, aquí definiremos por ejemplo una medida de probabilidad y un espacio medible. En la segunda parte de este capítulo hablaremos de convexidad, daremos algunos conceptos básicos para poder definir un cono convexo, requisito necesario para definir una medida de riesgo coherente. Finalmente la última sección corresponde a diversificación, trataremos de establecer una definición así como ejemplos e ideas intuitivas.

1.1. Teoría de Probabilidad

Consideremos un conjunto Ω el cual llamaremos espacio muestral. Podemos pensar en un espacio muestral como la colección de todos los posibles resultados de un experimento de resultados impredecibles (experimento aleatorio) como por ejemplo, el lanzamiento de una moneda tiene por espacio muestral $\Omega = \{C, S\}$, donde C y S representan el resultado que salga cara o sello, respectivamente.

Definición 1.1 *Decimos que $\mathcal{F}$ un subconjunto de 2^{Ω}, es una $\sigma-$álgebra si:*

1. $\Omega \in \mathcal{F}$
2. *Si $A \in \mathcal{F}$ entonces $A^c \in \mathcal{F}$*
3. *Si $\{A_n\}_{n\in\mathbb{N}} \subset \mathcal{F}$ entonces $\cup_{n=1}^{\infty} A_n \in \mathcal{F}$*

Si la propiedad 3 se satisface solo para un conjunto finito entonces a $\mathcal{F}$ se le llama un álgebra.

Ejemplo 1.2 *Tenemos las siguientes $\sigma-$álgebras*

- *La "menor"$\sigma-$álgebra: $\mathcal{F}_0 = \{\phi, \Omega\}$*
- *La "mayor"$\sigma-$álgebra: $\mathcal{F}_+ = 2^{\Omega}$*

Definición 1.3 *Sea $\mathcal{F}$ una σ-álgebra sobre Ω. Una* ***medida de probablidad*** $\mathbb{P}$ *es una función*

$$\begin{aligned} \mathbb{P} \ : \ & \mathcal{F} \to [0,1] \\ & A \to \mathbb{P}(A) \end{aligned}$$

tal que

1. $\mathbb{P}(\Omega) = 1$
2. A_1,A_2,... *disjuntos a pares y pertenecientes a $\mathcal{F}$, entonces*

$$\mathbb{P}(\biguplus_{n=1}^{\infty} A_n) = \sum_{m=1}^{\infty} \mathbb{P}(A_n)$$

Algunas propiedades básicas que satiface la medida de probabilidad $\mathbb{P}$

1. $0 \leq \mathbb{P}(A) \leq 1$, $\forall A \in \mathcal{F}$.
2. $\mathbb{P}[\Phi] = 0$
3. $\mathbb{P}[A^c] = 1 - \mathbb{P}[A]$
4. $\mathbb{P}[A \cup B] = \mathbb{P}[A] + \mathbb{P}[B] - \mathbb{P}[A \cap B]$
5. Si $A \subset B$, entonces $\mathbb{P}(A) \leq \mathbb{P}(B)$
6. $\mathbb{P}[A \cap B^c] = \mathbb{P}[A] - \mathbb{P}[A \cap B]$

Demostraremos algunas propiedades

1. Tenemos $\Omega = A \uplus A^c$ entonces $\mathbb{P}(A) + \mathbb{P}(A^c) = \mathbb{P}(\Omega) = 1$, desde que $\mathbb{P}(A^c) \geq 0$ tenemos

$$0 \leq \mathbb{P}(A) \leq \mathbb{P}(A) + \mathbb{P}(A^c) = 1$$

2. Es trivial
3. Dado que $\Omega = A \cup A^c$ entonces

$$1 = \mathbb{P}(\Omega) = \mathbb{P}(A) + \mathbb{P}(A^c) \Rightarrow 1 - \mathbb{P}(A) = \mathbb{P}(A^c)$$

4. Dado que $A \cup B = (A \cap B^c) \uplus B$ entonces tenemos

$$\mathbb{P}(A \cup B) = \mathbb{P}(A \cap B^c) + \mathbb{P}(B).....(*)$$

Por otro lado

$$\begin{aligned} A &= (A \cap B^c) \uplus (A \cap B) \\ \mathbb{P}(A) &= \mathbb{P}(A \cap B^c) + \mathbb{P}(A \cap B) \\ \mathbb{P}(A) - \mathbb{P}(A \cap B) &= \mathbb{P}(A \cap B^c) \end{aligned}$$

Reemplazando en (*)

$$\mathbb{P}(A \cup B) = \mathbb{P}(A) + \mathbb{P}(B) - \mathbb{P}(A \cap B)$$

5. Sea

$$\begin{aligned} B &= A \uplus (B \cap A^c) \\ \mathbb{P}(B) &= \mathbb{P}(A) + \mathbb{P}(B \cap A^c) \end{aligned}$$

Dado que $\mathbb{P}(B \cap A^c) \geq 0$, por lo tanto $\mathbb{P}(B) \geq \mathbb{P}(A)$

Proposición 1.4 *Continuidad*

1. *Si* $\{A_n\}$ *es una familia de eventos crecientes y* $A = \cup_{n=1}^{\infty} A_n$*, entonces* $\mathbb{P}[A] = \lim \mathbb{P}[A_n]$
2. *Si* $\{A_n\}$ *es una familia de eventos decrecientes y* $A = \cap_{n=1}^{\infty} A_n$*, entonces* $\mathbb{P}[A] = \lim \mathbb{P}[A_n]$

Demostración.

Demostraremos el primer enunciado, el segundo se prueba de manera similar.Para poder demostrar esta proposición vamos a expresar en uniones disjuntas el conjunto A para poder aplicar las leyes de probabilidad.

$$A = \cup_{n=1}^{\infty} A_n = A_1 \uplus (A_1 \cap A_1^c) \uplus (A_2 \cap A_2^c) \uplus \ldots$$

Aplicando $\mathbb{P}[\uplus_{n=1}^{\infty} A] = \sum_{n=1}^{\infty} \mathbb{P}[A_n]$ tenemos

$$\begin{aligned} \mathbb{P}[A] &= \mathbb{P}[A_1] + \sum_{j=1}^{\infty} \mathbb{P}[A_{j+1} \cap A_j^c] \\ &= \mathbb{P}[A_1] + \lim_{n\to\infty} \sum_{j=1}^{n-1} \mathbb{P}[A_{j+1} \cap A_j^c] \\ &= \mathbb{P}[A_1] + \lim_{n\to\infty} \sum_{j=1}^{n-1} \mathbb{P}[A_{j+1}] - \mathbb{P}[A_{j+1} \cap A_j] \\ &= \mathbb{P}[A_1] + \lim_{n\to\infty} \sum_{j=1}^{n-1} \mathbb{P}[A_{j+1}] - \mathbb{P}[A_j] \\ &= \mathbb{P}[A_1] - \mathbb{P}[A_1] + \lim_{n\to\infty} \mathbb{P}[A_n] \\ &= \lim_{n\to\infty} \mathbb{P}[A_n] \end{aligned}$$

Donde la tercera igualdad es por $\mathbb{P}[B - A] = \mathbb{P}[B] - \mathbb{P}[A \cap B]$, mientras que la cuarta igualdad es como consecuencia de que los eventos A_n son crecientes.

□

Definición 1.5 *Un* ***espacio de probabilidad*** *es una tripleta* $(\Omega, \mathcal{F}, \mathbb{P})$ *donde* Ω *es el espacio muestral,* $\mathcal{F}$ *es la* σ*-álgebra y* $\mathbb{P}$ *es la medida de probablidad.*

Ejemplo 1.6 *En el lanzamiento de una moneda tenemos el espacio muestral* $\Omega = \{C, S\}$ *y* $\mathcal{F} = \{\phi, C, S, \Omega\}$, *además definamos una posible medida de probabilidad* $\mathbb{P} : \mathcal{F} \to [0,1]$ *de la siguiente manera*

$$\mathbb{P}[\phi] = 0 \qquad \mathbb{P}[C] = p \qquad \mathbb{P}[S] = 1 - p \qquad \mathbb{P}[\Omega] = 1$$

donde $p \in [0,1]$

Ejemplo 1.7 *Supongamos que lanzamos dos monedas y supongamos que cada uno de los cuatro eventos en el espacio muestral*

$$\Omega = \{(C,C), (C,S), (S,C), (S,S)\}$$

son igual de probables y por lo tanto tienen probabilidad 1/4. Sean

$$E = \{(C,C), (C,S)\} \qquad\qquad F = \{(C,C), (T,C)\}$$

Esto es, E es el evento que la primera moneda salga cara y F es el evento que la segunda moneda salga cara. Por la propiedad 4 tenemos que $\mathbb{P}[E \cup F]$, *la probabilidad de que la primera o segunda moneda caiga cara es dada por*

$$\begin{aligned} \mathbb{P}[E \cup F] &= \mathbb{P}[E] + \mathbb{P}[F] - \mathbb{P}[E \cap F] \\ &= \frac{1}{2} + \frac{1}{2} - \mathbb{P}[\{(C,C)\}] \\ &= 1 - \frac{1}{4} \\ &= \frac{3}{4} \end{aligned}$$

Definición 1.8 *Sea* $K = \mathbb{R}$ *o* $\mathbb{C}$, *además sea* $(\Omega, \mathcal{F}, \mathbb{P})$ *un espacio de probabilidad y* $p \in [0, \infty]$. *Entonces*

1. *Para p=0. Funciones Medibles*

$$L_0(\mathbb{P}) = \{f \in K^{\Omega} : f \text{ es medible}\}$$

2. *Para* $0 < p < \infty$. *Funciones p-integrables*

$$L_p(\mathbb{P}) = \{f \in L_0(p) : \int_{\Omega} |f|^p d\mathbb{P} < \infty\}$$

3. *Para* $p = \infty$. *Funciones escencialmente acotadas*

$$f \in L_0(\mathbb{P}), ess \ \sup |p| = \min\{m \in [0, \infty] : |f| \leq m \ c.p.c\}$$

$$L_{\infty}(\mathbb{P}) = \{f \in L_0(p) : ess \ \sup |f| < \infty\}$$

Definición 1.9 *Sea $(\Omega, \mathcal{F})$ y (E, ζ) dos espacios medibles. La función $X : \Omega \to E$ es un **elemento aleatorio** si X es $\mathcal{F}$-medible, es decir*

$$X^{-1}(B) = \{w \in \Omega : X(\omega) \in B\} \in \mathcal{F}, \quad B \in \zeta$$

o resumidamente

$$X^{-1}(\zeta) = \{X^{-1}(B) : B \in \zeta\} \subset \mathcal{F}$$

Si $E = \mathbb{R}$ y $\zeta = \mathcal{B}(\mathbb{R})$ entonces definimos X de la siguiente manera $X : \Omega \to \mathbb{R}$. Además si $(\Omega, \mathcal{F}, \mathbb{P})$ es un espacio de probabilidad entonces X se denomina **variable aleatoria**.

Definición 1.10 *Sea $(\Omega, \mathcal{F}, \mathbb{P})$ un espacio probabilístico, (E, ζ) un espacio medible y $X : \Omega \to E$ una variable aleatoria. La **distribución** de X se define por la función $\mathbb{P}_X = \mathbb{P} \circ X^{-1}$*

$\mathbb{P}_X$ es una función de probabilidad definida en (E, ζ) que cumple

$$\mathbb{P}_X(E) = \mathbb{P}[X^{-1}(E)] = \mathbb{P}[\Omega] = 1$$

$$\mathbb{P}_X(\biguplus_{n=1}^{\infty} B_n) = \mathbb{P}[X^{-1}(\biguplus_{n=1}^{\infty} B_n)] = \mathbb{P}[\biguplus_{n=1}^{\infty} X^{-1}(B_n)] = \sum_{n=1}^{\infty} \mathbb{P}[X^{-1}(B_n)] = \sum_{n=1}^{\infty} \mathbb{P}_X(B_n)$$

En el caso particular de que $(E, \zeta) = (\mathbb{R}^d, \mathcal{B}(\mathbb{R}^d))$, es decir cuando X es un vector aleatorio denotaremos $\mathbb{P}_X[B] = \mathbb{P}[X^{-1}(B)] = \mathbb{P}(X \in B)$, $\forall B \in \mathcal{B}(\mathbb{R}^d)$. Para el caso $d = 1$ tenemos que la **distribución** de la variable aleatoria X denotada por $\mathbb{P}_X$ es una función definida sobre $\mathcal{B}(\mathbb{R})$

$$\begin{aligned} \mathbb{P}_X \ &: \ \mathcal{B}(\mathbb{R}) \to [0,1] \\ & \quad B \to \mathbb{P}_X(B) := \mathbb{P}[X \in B] \end{aligned}$$

Si $B =]-\infty, x]$, entonces

$$\mathbb{P}_X(B) = \mathbb{P}[X \in]-\infty, x]] = \mathbb{P}[X \leq x]$$

La función de distribución de X, $F_X(.)$ es la función definida sobre $\mathbb{R}$

$$\begin{aligned} \mathbb{P}_X \ &: \ \mathbb{R} \to [0,1] \\ & \quad x \to F_X(x) := \mathbb{P}_X[] - \infty, x]] = \mathbb{P}[X \leq x] \end{aligned}$$

Proposición 1.11 *Si F_X es la función de distribución de una variable aleatoria X, entonces*

1. *F_X es no decreciente*

2. *F_X es continua por la derecha*

3. $\lim_{x\to-\infty} F_X(x) = 0$ *y* $\lim_{x\to\infty} F_X(x) = 1$

Demostración.

- Si $x_1 \leq x_2$ entonces $[-\infty, x_1] \subset [-\infty, x_2]$. Entonces

$$\begin{aligned} \mathbb{P}_X(]-\infty, x_1]) &\leq \mathbb{P}_X(]-\infty, x_2]) \\ F_X(x_1) &\leq F_X(x_2) \end{aligned}$$

- Si $x_n \downarrow x$ definamos los eventos (borelianos) $B_n =]-\infty, x_n]$.
  Luego tenemos $\bigcap_{n=1}^{\infty}]-\infty, x_n] =]-\infty, x]$.
  Ahora

$$\lim_{n\to\infty} F_X(x_n) = \lim_{n\to\infty} \mathbb{P}_X(]-\infty, x_n]) = \mathbb{P}_X(\lim_{n\to\infty}]-\infty, x_n]) = F_X(x)$$

- Sea $x_n \downarrow -\infty$. Entonces

$$\lim_{n\to\infty} = \lim_{n\to\infty} \mathbb{P}_X(]-\infty, x_n]) = \mathbb{P}_X(\lim_{n\to\infty} B_n) = \mathbb{P}_X(\Phi) = 0$$

⊡

Definición 1.12 *Una variable aleatoria X se dice que es* ***discreta*** *si puede tomar tan solo un número finito o enumerable de distintos valores. De otro lado una variable aleatoria X se dice* ***continua*** *si existe una función integrable $f_X : \mathbb{R} \to [0, \infty]$ (llamada la* ***función densidad*** *de X) tal que*

$$F_X(x) = \int_{-\infty}^{x} f(u)du$$

Nótese que en este último caso F_X es una función continua (pues es diferenciable) y más aún por el teorema fundamental del cálculo $F_X(x) = f_X^{'}(x)$.

Ejemplo 1.13 *En el lanzamiento de una moneda. Sea $X : \Omega \to \mathbb{R}$ dada por*

$$X(C) = 1 \qquad\qquad X(S) = 0$$

Entonces X es una variable aleatoria con dos posible valores 0 y 1. Su función de distribución $F(x) = \mathbb{P}[X \leq x]$ es

$$F(x) = \begin{cases} 0 & , \text{ si } x < 0, \\ 1-p & , \text{ si } 0 \leq x < 1 \\ 1 & , \text{ si } x \geq 1 \end{cases}$$

X se dice que tiene una distribución Bernoulli.

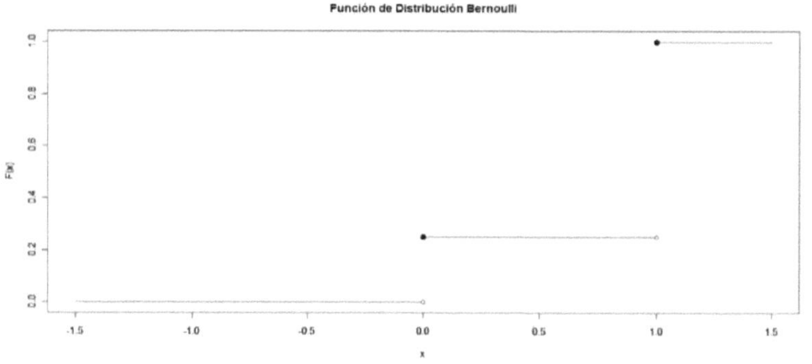

Figura 1.1: Función de distribución acumulativa Bernoulli con probabilidad p=0.75

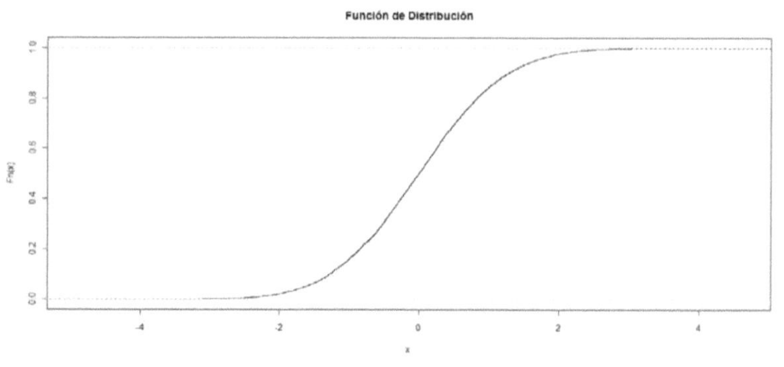

Figura 1.2: Función de distribución acumulativa para una variable aleatoria contínua

En la Figura1.1 se aprecia la distribución acumulativa del ejemplo anterior mientras que en la Figura1.2 se observa la función de distribución para una variable aleatoria continua.

Definición 1.14 *Sea* $(\Omega, \mathcal{F}, \mathbb{P})$ *un espacio probabilístico y* $X : \Omega \to \mathbb{R}$ *una variable aleatoria. Se dice que* X *es integrable o que* $X \in L^1$, *si las funciones no negativas* X^+ *y* X^- *son integrables, es decir si*

$$\int X^+ d\mathbb{P} < \infty \qquad\qquad \int X^- d\mathbb{P} < \infty$$

En tal caso podemos definir la ***esperanza matemática*** *de* X *con respecto a* $\mathbb{P}$

$$\mathbb{E}[X] = \int X d\mathbb{P} = \int X^+ d\mathbb{P} - \int X^- d\mathbb{P}$$

donde $X^+ = \text{máx}\{X(\omega), 0\}$ *y* $X^- = \text{máx}\{-X(\omega), 0\}$.

Ejemplo 1.15 *Una de las distribuciones más empleadas en aplicaciones prácticas es la distribución normal. Esto es como consecuencia de que un gran número de fenómenos reales se pueden modelizar con esta distribución. Además por el Teorema central del límite, todas aquellas variables que puedan considerarse causadas por un gran número de pequeños efectos tiende a distribuirse como una distribución normal. En ese sentido diremos que una variable aleatoria* X *tiene una distribución normal si tiene una función densidad*

$$f(x) = \frac{1}{\sigma\sqrt{2\pi}} e^{-\frac{(x-\mu)^2}{2\sigma^2}}$$

Se puede demostrar de manera fácil que la esperanza de la variable X *viene dado por el parámetro* μ, *es decir* $\mathbb{E}[X] = \mu$

Proposición 1.16 *Sea* X *una variable aleatoria y sea* $g : \mathbb{R} \to \mathbb{R}$ *una función medible. Entonces*

$$\mathbb{E}[g(X)] = \int_{\mathbb{R}} g(X) dF_X(x)$$

En términos prácticos a la esperanza se le considera el mejor predictor de un evento. A continuación enunciaremos las propiedades más importantes para la esperanza matemática.

Proposición 1.17 *Sean* X *y* Y *dos variables aleatorias en* L^1, *entonces*

1. *Monotonía.- Si* $X \leq Y$ *entonces* $\mathbb{E}[X] \leq \mathbb{E}[Y]$
2. *Linealidad.-* $\mathbb{E}[\alpha X + \beta Y] = \alpha\mathbb{E}[X] + \beta\mathbb{E}[Y]$, $\forall \alpha, \beta \in \mathbb{R}$

Definición 1.18 *Sea k un número entero positivo, entoncesl el $k-$ésimo momento m_k de X es*

$$m_k = \mathbb{E}[X^k]$$

El $k-$ésimo momento central σ_k es

$$\sigma_k = \mathbb{E}[(X - m_1)^k]$$

Los dos momentos más empleados son la esperanza $m_1 = \mathbb{E}[X]$ y la varianza $\sigma_2 = \mathbb{E}[(X - \mathbb{E}[X])^2]$, estos dos momentos miden la media y dispersión de X: m_1 es el valor promedio de X y σ_2 mide la cantidad por la cual X tiende a desviarse de su promedio. La media m_1 es mayormente escrita por μ mientras que σ_2 es representanda en la mayoría de casos por σ^2 o $\text{var}(X)$; la raíz cuadrada positiva del segundo momento σ es llamada desviación estándar. Asimismo vale la pena mencionar lo que se conoce como el cuarto momento centrado o también denominado **kurtosis**, la cual se va a encargar de medir la forma de una distribución. Cuanto mayor sea la kurtosis mayor será la amplitud de las colas. Así, una kurtosis alta indica colas anchas y una distribución muy concentrada alrededor del valor medio esperado, mientras que una baja kurtosis indica una baja concentración respecto al valor central y colas estrechas.

Definición 1.19 *La covarianza es una medida que nos informará acerca de la variabilidad conjunta de dos o más variables aleatorias. Para el caso de 2 variables aleatorias X y Y definimos la covarianza de la siguiente manera*

$$cov(X,Y) = \mathbb{E}[(X - \mathbb{E}[X])(Y - \mathbb{E}[Y])]$$

Definición 1.20 *Para cualquier variable aleatoria X y cualquier evento $B \in \mathcal{F}$ con $\mathbb{P}[B] > 0$. La esperanza condicional de X dado B es*

$$\mathbb{E}[X|B] = \frac{1}{\mathbb{P}[B]} \int_B X d\mathbb{P}$$

Nótese que si $B = \Omega$ entonces se tiene $\mathbb{E}[X|\Omega] = \mathbb{E}[X]$. Dado que $\mathbb{P}[\Omega] = 1$ tenemos

$$\mathbb{E}[X|\Omega] = \frac{1}{\mathbb{P}[\Omega]} \int_\Omega X d\mathbb{P} = \mathbb{E}[X]$$

Ejemplo 1.21 *Tres monedas de 10u, 20u y 50u son lanzadas. Cada evento de nuestro espacio muestral*

$$\Omega = \{(CCC), (CCS), (CSS), (SSS), (SSC), (SCC), (SCS), (CSC)\}$$

es igual de probable es decir cada uno tiene probabilidad de ocurrencia de 1/8. Definamos la variable aleatoria X como la suma de las caras de las tres monedas lanzadas. Podemos hallar $\mathbb{E}[X]$ de la siguiente manera

$$\mathbb{E}[X] = \frac{1}{8}(80 + 30 + 10 + 0 + 50 + 70 + 20 + 60) = 40$$

Ahora nos dan la siguiente información adicional: Dos monedas lanzadas salen cara. Nos piden hallar el valor esperado dada la información adicional. Sea B el conjunto de la información adicional

$$B = \{(CCS), (CSC), (SCC)\} \qquad \rightarrow \qquad \mathbb{P}[B] = \frac{3}{8}$$

Entonces

$$\begin{aligned}
\mathbb{E}[X|B] &= \frac{1}{3/8}\int_B X d\mathbb{P} \\
&= \frac{1}{3/8}\left(\frac{1}{8}X(CCS) + \frac{1}{8}X(CSC) + \frac{1}{8}X(SCC)\right) \\
&= \frac{1}{3/8}\left(\frac{30}{8} + \frac{60}{8} + \frac{70}{8}\right) \\
&= \frac{160}{3}
\end{aligned}$$

1.2. Teoría Convexidad

Otro de los conceptos matemáticos importantes en aplicaciones y especialmente en teoria de riesgo, es la convexidad. Una de las cualidades importantes de trabajar con conjuntos y funciones convexas es que nos permite encontrar un óptimo.

Definición 1.22 *Sea E un espacio vectorial real. Además sea $C \subset E$, se dice que es convexo si $\forall x, y \in C$, $\forall t \in \mathbb{R}$ entonces $tx + (1-t)y \in C$. En caso de que $t \in [0,1]$ y se cumpla que $tx + (1-t)y \in C$ entonces diremos que C es afín.*

Definición 1.23 *Dado $(a_1, \alpha_1), (a_2, \alpha_2), ..., (a_m, \alpha_m)$ elementos de $\mathbb{R}^n \times \mathbb{R}$ con cada $a_i \neq 0$, para $i = 1, ..., m$. El conjunto*

$$P = \{x \in \mathbb{R}^n :< x, a_i >\leq \alpha_i, i = \bar{1,n}\}$$

se llama poliedro convexo.

De manera particular si cada $\alpha_i = 0$, $\bar{1,m}$, P resulta ser un **cono poliedral**. De esta forma tenemos que el conjunto de combinaciones lineales no negativas de un número finito de puntos $\{a^1, a^2, ..., a^m\}$ (la suma de un número finito de rayos) es un **cono convexo**.

1.3. Diversificación

Podemos definir diversificación como la elección de diferentes instrumentos de inversión que conforman un portafolio. Dichos instrumentos tienen ciertas características propias distintas entre si con lo cual se busca disminuir el riesgo total del portafolio de tal forma que sea posible obtener el rendimiento esperado por el

Cuadro 1.1: Retorno de activos

Condiciones de Mercado	Activo 1	Activo 2	Activo 3
Bueno	15	16	1
Promedio	9	10	10
Malo	3	4	19
Media	9	10	10
Varianza	24	24	54
DesvEst	4.9	4.9	7.35

inversionista. La elección de estos instrumentos diversificados nos va a permitir equilibrar las pérdidas y ganancias que se obtienen con los distintos instrumentos. De esta forma existe una relación entre riesgo y rendimiento la cual en forma general es directamente proporcional, es decir, a mayor rendimiento mayor riesgo. Si deseamos obtener mayores rendimientos debemos estar dispuestos a aceptar el riesgo de estos instrumentos, es decir, a estar en capacidad de aceptar las pérdidas probables de no obtener los rendimientos esperados e incluso perderlo todo. La elección de estos instrumentos se basa en la correlación que pueda existir entre ellos de esta forma tenemos que a mayor correlación el nivel de diversificación es menor que al caso donde el nivel correlación es bajo. Este concepto empieza a tomar énfasis en 1952 cuando Markowits establece una teoría adecuada de la inversión que cubre los efectos de diversificación cuando los riesgos estan correlacionados, asimismo distingue entre portafolio eficientes e ineficientes y establece criterios para la selección de un portafolio. En el siguiente ejemplo consideraremos como medida de riesgo la desviación estándar (Markowitz,1952) y demostraremos la diversificación para dos activos.

Ejemplo 1.24 *En la Cuadro 1.1 se muestra los retornos de tres activos disponibles bajo diferentes condiciones de mercado así como la media, varianza y desviación estándar de dichos activos. Consideremos una persona que desea invertir parte de su dinero ciertos activos. El riesgo de una combinación de activos es muy diferente a un simple promedio de los riesgos individuales. Dicho de otra forma, la varianza de una combinación de dos activos puede ser menor que la suma de la varianza de los activos de manera individual.*

En el Cuadro 1.2, mostramos los activos 2 y 3 así como una combinación de los mismos: 60 % del activo 2 y 40 % del activo 3.

Asumamos que el inversionista tiene \$1 para invertir. Si el selecciona el activo 2 y el mercado es bueno, él tiene al final de periodo \$1+0.16=\$1.16. Si el performance del mercado es promedio, el tendrá \$1.10 y si va mal \$1.04. De la misma forma para el activo 3. Estos eventos son resumidos en el Cuadro 1.2. Además supongamos que el inversor invierte \$0.60 en el activo 2 y \$0.40 en el activo 3, si las condiciones de mercado son buenas el inversor tiene \$0.696 al final de periodo por parte del activo

Cuadro 1.2: Dólares en el periodo dos dada una alternativa de inversión

Condiciones de Mercado	Activo 2 ($)	Activo 3 ($)	Combinación ($)
Bueno	1.16	1.01	1.10
Promedio	1.10	1.10	1.10
Malo	1.04	1.19	1.10

2 y $0.404 del activo 3, en total $ 1.10. De la misma forma, si el mercado presenta condiciones promedio el inversionista recibe $0.66 del activo 2 y $0.44 del activo 3, en total $ 1.10. En caso que las condiciones de mercado sean malas el inversionista recibirá $ 0.624 de la inversión en el activo 2 y $0.476 de su inversión en el activo 3, en total $ 1.10. Todas estas alternativas también estan resumidas en el Cuadro 1.2. Este ejemplo muestra de manera extrema como el riesgo de un portafolio de activos puede diferir del riesgo individual de los activos. La desviación estándar en la combinación de activos fue cero porque los activos tienen sus rendimientos más altos y más bajos en condiciones de mercado opuestas.

Capítulo 2

Teoría de Riesgo

En este capítulo desarrollaremos algunos conceptos teóricos en la gestión de riesgo cuantitativa. Discutiremos algunas propiedades que una buena medida de riesgo debe cumplir con particular énfasis en la propiedad de subaditividad, la cuál es de suma importancia en los procesos de asignación de capital. Estas buenas propiedades nos definirán una medida de riesgo coherente. En la segunda y tercera sección definiremos dos medidas importantes de riesgo: Value-at-risk (VaR) y Expected Shortfall(ES), respectivamente.

2.1. Medidas de Riesgo

Denotemos por $L^0(\Omega, \mathcal{F}, \mathbb{P})$ el espacio de todas las variables aleatorias en $(\Omega, \mathcal{F})$, casi seguramente finitas. Representaremos los riesgos financieros por el conjunto $\mathcal{M} \subset L^0(\Omega, \mathcal{F}, \mathbb{P})$ de variables aleatorias, las cuales serán interpretadas como un portafolio de pérdidas sobre un horizonte de tiempo t. Asumiremos que $\mathcal{M}$ es un cono convexo.

Definición 2.1 *Una medida de riesgo es un mapeo de $\mathcal{M}$ en $\mathbb{R}$.*

Interpretaremos $\rho(X)$ como la cantidad de capital que se debe agregar a una posición con pérdida X para que sea aceptable por un controlador interno o externo. Posiciones con $\rho(X) \leq 0$ serán consideradas aceptables sin necesidad de una inyección de capital, si tenemos la desigualdad estricta $\rho(X) < 0$ significa que el capital puede ser retirado o puede ser recibido como una restitución.

Ahora introduciremos los axiomas que una medida de riesgo ρ en un cono convexo M debe satisfacer para ser llamada coherente.

Axioma 2.1 *Invariancia por Translación Para todo $X \in M$ y todo $m \in \mathbb{R}$ tenemos que $\rho(X + m) = \rho(X) + m$*

Este axioma nos indica que si adicionamos o sustraemos una cantidad determinística m a una posición cuya pérdida es X, alteraríamos nuestros requermientos de capital en la misma proporción. En efecto, consideremos una posición con pérdida X y además $\rho(X) > 0$. Agreguemos la cantidad de capital $\rho(X)$ a la posición ajustada de pérdidas $X = X - \rho(X)$ entonces $\rho(X) = \rho(X - \rho(X)) = \rho(X) - \rho(X) = 0$, luego la posición X es aceptable sin mas inyección de capital. En caso que no se produzca esta igualdad estaríamos incurriendo en una subestimación o sobreestimación del requerimiento de capital.

Axioma 2.2 *Subaditividad Para todo $X, Y \in M$ tenemos $\rho(X+Y) \leq \rho(X) + \rho(Y)$*

Este axioma tiene una fácil interpretación además de ser el más debatido de todos los axiomas debido a que la medida más popular de riesgo, VaR (Value at Risk), no la cumple en ciertas situaciones. Algunas ideas intuitivas detrás de este axioma

- La subaditividad refleja la idea de que el riesgo puede ser reducido por diversificación, un principio en economía y finanzas.
- Si la subaditividad no se cumpliera, esto es $\rho(X+Y) > \rho(X) + \rho(Y)$. Esto implicaría que las instituciones tendrían un incentivo a separarse legalmente en varias subsidiarias con el fin de reducir los requerimientos de capital pedidos por el regulador.
- La subaditividad hace que la descentralización de la gestión del riesgo sea posible. Consideremos como ejemplo dos mesas de negociación con posiciones que tienen como pérdidas X_1 e X_2. Imaginemos que el gerente de riesgos desea asegurar que la cantidad $\rho(X)$, el riesgo sobre todas las pérdidas $X = X_1+X_2$, es menor que algún número K. Si asumimos que la medida de riesgo es subaditiva, entonces podemos elegir dos cotas K_1y K_2 tales que $K_1+K_2 \leq K$ e imponer la condición que para cada mesa de negociación $\rho(X_i) \leq K_i$. Luego, la subaditividad de ρ nos garantiza automáticamente que $\rho(L) \leq K_1 + K_2 \leq K$. De esta forma la cota total de requerimiento de capital puede desagregarse por mesa de negociación.

Axioma 2.3 *Positivamente Homogénea Para todo $X \in M$ y todo $\lambda > 0$ tenemos que $\rho(\lambda X) = \lambda\rho(X)$*

Notemos que la subaditividad implica que para $n \in \mathbb{N}$

$$\rho(nX) = \rho(X + ... + X) \leq n\rho(X)$$

En el axioma 2.3 imponemos la desigualdad inversa, desde que es un portafolio con las mismas pérdidas es decir no hay un neteo o diversificación de pérdidas es natural requerir que la igualdad del axioma sea verdad. Notar que la subaditividad y positivamente homogénea implican que la medida de riesgo ρ es convexa en M.

Axioma 2.4 *Monotonicidad Para $X, Y \in M$ tal que $X \leq Y$, entonces $\rho(X) \leq \rho(Y)$*

Cuadro 2.1: Definición de variables

Escenario	X_1	X_2	$X_1 + X_2$	$X_3 = 2X_1$	$X_4 = X_1 + 1$
1	1.00	0.00	1.00	2.00	2.00
2	2.00	0.00	2.00	4.00	3.00
3	3.00	0.00	3.00	6.00	4.00
4	4.00	1.00	5.00	8.00	5.00
5	1.00	1.00	2.00	2.00	3.00
6	2.00	1.00	3.00	4.00	3.00
7	4.00	0.00	4.00	8.00	5.00
8	3.00	1.00	4.00	6.00	4.00
9	2.00	2.00	4.00	4.00	3.00
10	3.00	2.00	5.00	6.00	4.00
$\rho(X_i)$	4.00	2.00	5.00	8.00	5.00

Desde un punto de vista económico este axioma es obvio: Las posiciones que tienen más pérdidas requieren más capital.
Para una medida de riesgo que satisface los axiomas de subaditividad y positivamente homogenea, el axioma de monotonicidad es equivalente a $\rho(X) \leq 0$ para todo $X \leq 0$. En efecto, la subaditividad implica que si $X \leq 0$, entonces

$$\rho(X) \leq \rho(0) = \rho(\lambda 0) = \lambda\rho(0) = 0$$

Inversamente, si $X_1 \leq X_2$ y además $\rho(X_1 - X_2) \leq 0$. Entonces

$$\rho(X_1) = \rho(X_1 - X_2 + X_2) \leq \rho(X_1 - X_2) + \rho(X_2) \leq \rho(X_2)$$

La primera desigualdad es debido a la subadtividad mientras que la última es como consecuencia de nuestro supuesto.

Definición 2.2 *Una medida de riesgo ρ cuyo dominio incluye el cono convexo M es llamada medida de riesgo coherente si cumple los siguientes axiomas: Subaditivdad, translación invariante, positivamente homogénea y monotonicidad.*

A modo de ejemplo consideremos el siguiente conjunto de 10 escenarios, cada uno con pérdidas asociadas X_1, X_2, X_3 y X_4 y definamos la medida de riesgo ρ de la siguiente manera

$$\rho(X_i) = \text{máx}(X_i)$$

En el Cuadro2.1 definimos las pérdidas para cada escenario y asumimos que cada uno de ellos tiene igual probablidad de ocurrencia. Usando el Cuadro2.1 como ayuda podemos verificar que la medida de riesgo ρ satisface los axiomas de coherencia.

Definición 2.3 *Inversa generalizada y función quantil.*

1. *Inversa generalizada. Dada una función creciente $T : \mathbb{R} \to \mathbb{R}$, la inversa generalizada de T es definida por $T^{\leftarrow}(y) = \inf\{x \in \mathbb{R} : T(x) \geq y\}$, donde emplearemos la notacion que el ínfimo del conjunto vació es ∞.*

2. *Función quantil. Sea F una función de distribución, la inversa generalizada $F^{\leftarrow}$ es llamada la función quantil de F. Para $\alpha \in (0,1)$ el $\alpha-$quantil de F es dado por*

$$q_\alpha(F) = F^{\leftarrow}(\alpha) = \inf\{x \in \mathbb{R} : F(x) \geq \alpha\}$$

Para una variable aleatoria X con función de distribución F emplearemos la siguiente notación $q_\alpha(X) := q_\alpha(F)$. Si F es continua y estrictamente creciente tendremos $q_\alpha(F) = F^{-1}(\alpha)$ donde F^{-1} es la inversa de F. Para el cálculo de un quantil en casos generales podemos usar el siguiente criterio:

Lema 2.4 *Un punto $x_0 \in \mathbb{R}$ es un $\alpha-$quantil de alguna función de distribución F si y solo si las siguientes dos condiciones son satisfechas $F(x_0) \geq 0$; $F(x) < \alpha$ para todo $x < x_0$.*

2.2. Value-at-risk

El VaR es un concepto fácil e intuitivo. Este punto nos indica cuanto es lo que puede perder durante un periodo específico (por ejemplo, 1 año) con cierta probablidad de ocurrencia.

Definición 2.5 *Value-at-Risk. Dado un intervalo de confianza $\alpha \in (0,1)$. El VaR de nuestro portafolio a un nivel de confianza α es dado por el menor número l tal que la probabilidad que las pérdidas L excedan l no es mayor que $(1-\alpha)$. Formalmente,*

$$VaR_\alpha = \inf\{l \in \mathbb{R} : \mathbb{P}(L > l) \leq 1 - \alpha\} = \inf\{l \in \mathbb{R} : F_L(l) \geq \alpha\}$$

En términos probabilístos el VaR es por lo tanto un simple quantil de una distribución de pérdidas. Valores típicos para α son $\alpha = 0.95$ o $\alpha = 0.99$, sin embargo Basilea exige un nivel de confianza de $\alpha = 0.999$. Hay que notar que la definición de VaR no nos brinda información con respecto a las pérdidas que ocurren con una probabilidad menor de $(1-\alpha)$ dado que es una medida de riesgo que solo se concentra en la frecuencia de los eventos más no en el tamaño de los mismos, de esta forma podemos considerar al VaR como una medida de riesgo "todo o nada". En términos prácticos podemos definir este problema como el riesgo del VaR en la cola, con respecto a este punto Basak and Shapiro (2001) muestra que el problema de la cola riesgo se puede llevar a dos problemas prácticos:

1. La información otorgada por el VaR puede engañar al inversionista porque este no tiene en cuenta las pérdidas por encima del nivel de confianza.

2. Los inversionistas que sólo empleen el VaR como única medida de riesgo son más probables que construyan posiciones perversas que se traducirían en pérdidas mayores al nivel del VaR.

Sea $\alpha \in (0,1)$ fijo. Consideremos la medida de riesgo ρ definida por

$$\rho(X) = VaR_\alpha(X)$$

Entonces ρ cumple las siguientes propiedades:

1. Monotonicidad. Si $X \leq Y$, entonces $\rho(X) \leq \rho(Y)$
2. Positivamente Homogénea: $\rho(hX) = h\rho(X)$
3. Invarianza por translación: Para $a \in \mathbb{R}$, $\rho(X+a) = \rho(X) + a$
4. Ley de invarianza: Si $\mathbb{P}[X \leq t] = \mathbb{P}[Y \leq t]$ para todo $t \in \mathbb{R}$, entonces $\rho(X) = \rho(Y)$

La Ley de invarianza es una condición importante para una medida de riesgo que va a ser estimada de data empírica. Existen algunos métodos para estimar el VaR por ejemplo simulación histórica o de manera paramétrica es decir asumiendo cierta distribución a la función de pérdidas. Los modelos de VaR son usualmente basados en criterios de normalidad y que por lo tanto no trabajan de manera correcta bajo eventos extremos. Si un evento extremo ocurre no hay más capital para cubrir las pérdidas.

Ejemplo 2.6 *VaR para una función de distribución normal. Supongamos que la función de distribución de pérdidas F_L es normal con media μ y varianza σ^2. Fijamos $\alpha \in (0,1)$. Entonces*

$$VaR_\alpha = \mu + \sigma * \phi^{-1}(\alpha)$$

donde ϕ denota la función de distribución normal estándar y $\phi^{-1}(\alpha)$ es el $\alpha-$quantil de ϕ. Por el lema 2.4, dado que F es estrictamente creciente entonces sólo tenemos que mostrar $F_L(VaR_\alpha) = \alpha$

$$\begin{aligned}
\mathbb{P}(L \leq VaR_\alpha) &= \mathbb{P}\left(L \leq \mu + \sigma * \phi^{-1}(\alpha)\right) \\
&= \mathbb{P}\left(\frac{L-\mu}{\sigma} \leq \phi^{-1}(\alpha)\right) \\
&= \phi(\phi^{-1}(\alpha)) \\
&= \alpha
\end{aligned}$$

donde la tercera igualdad es debido a que la variable L fue estandarizada.

Dada su fácil implementación e interpretación la distribución normal es muy empleada en términos aplicativos. En ese sentido tenemos que la probabilidad de extraer un valor en el rango entre la media menos la desviación estándar $(\mu - \sigma)$ y la media más la desviación estándar $(\mu + \sigma)$ es aproximadamente 68 % sin importar los valores de la μ y σ. Desde que la distribución normal es simétrica, esto implica que el 32 % restante esta dividido entre un 16 % de probabilidad de observar valores menores que $\mu-\sigma$ y un 16 % de probabilidad de observar valores por encima de $\mu+\sigma$. Estos razonamientos básicos son muy usados en el cálculo del VaR. Supongamos que nuestro trader desea estimar la máxima pérdida potencial en el 90 % de los casos. Si asumimos que la distribución de las pérdidas es normal y además se ha estimado que la $\mu = 0.05\,\%$ y $\sigma = 2\,\%$ entonces la probabilidad de observar valores menores que $\mu - \sigma$, es decir 1.95 %, es 16 %. Por lo tanto, 1.95 % es la máxima perdida potencial en el 84 % de los casos, o equivalentemente, 1.95 % es el VaR de la posición para un intervalo de confianza de 84 %. Si estamos interesados en pérdidas más extremas e identificar el riesgo con un nivel de confianza de 95 %, entonces podemos ampliar el rango de evaluación. Por ejemplo, existe un 90 % de probabilidad de extraer un valor en el rango $(\mu - 1.645\sigma; \mu + 1.645\sigma)$ para cualquier distribución normal. Por lo tanto para nuestra distribución de pérdidas tenemos que existe un 90 % de probabilidad de extraer un valor entre -3.24 % y 3.34 % y sólo un 5 % de probabilidad de tener un valor por encima de 3.34 %. Por lo tanto, 3.34 % es el VaR a un 95 % de nivel de confianza. Ver Figura2.1.

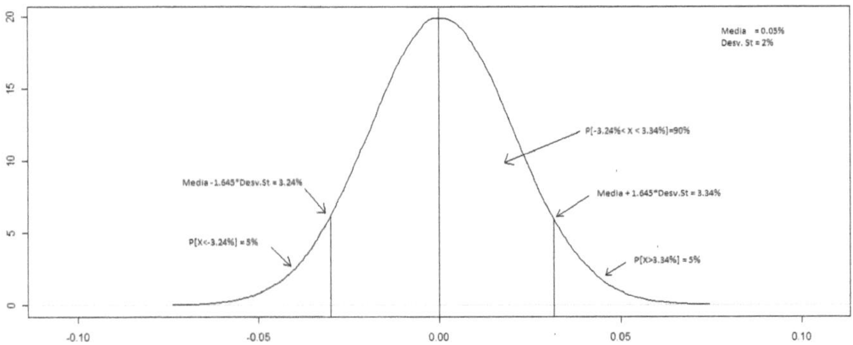

Figura 2.1: Función densidad de una distribución normal y la definición de intervalos de confianza.

A pesar de su fácil implementación e interpretación, el VaR en términos generales presenta como principal debilidad la subaditivdad. La subaditividad juega un rol fundamental en la medición de riesgo, especialmente en el riesgo de crédito. Supongamos que existe una forma "conservadora"de agregar riesgos simplemente sumando el VaR de cada posición. Si el VaR no es subadtivo entonces esta medida "consevadora"no es lo suficientemente conservadora, porque el VaR de la posición total puede ser más que la suma del VaR de las posiciones individuales. Sólo en determinados casos especiales cuando la función de distribución de pérdidas es elíptica (p.e. distribución normal o distribución t-student), el VaR es subaditivo. En el siguiente ejemplo mostramos la subadtividad del VaR para dos distribuciones normales.

Ejemplo 2.7 *Sean X y Y dos variables aleatorias con función de distribución normal asociada. Sea σ_X y σ_Y las desviaciones estándar de las variables aleatorias X y Y, respectivamente. Además, sea σ_{XY} la covarianza de X y Y. Dado que $\sigma_{XY} \leq \sigma_X\sigma_Y$, la desviación estándar de σ_{X+Y} de la variable aleatoria $X+Y$ satisface la subaditividad:*

$$\sigma_{X+Y} = \sqrt{\sigma_X^2 + \sigma_Y^2 + 2\sigma_{XY}} \leq \sqrt{\sigma_X^2 + \sigma_Y^2 + 2 * \sigma_X\sigma_Y} = \sigma_X + \sigma_Y$$

Probaremos $\sigma_{XY} \leq \sigma_X\sigma_Y$. Sea Z una variable aleatoria definida de la siguiente manera $(Y-\mu_Y) - t(X-\mu_X)$ para $t \in \mathbb{R}$, donde μ_X y μ_Y son las esperanzas de X y Y.

$$\begin{aligned}
\mathbb{E}[Z^2] &= \mathbb{E}[((Y-\mu_Y) - t(X-\mu_X))^2] \\
&= \mathbb{E}[t^2(X-\mu_X)^2 - 2t(Y-\mu_Y)(X-\mu_X) + (Y-\mu_Y)^2] \\
&= t^2\mathbb{E}[(X-\mu_X)^2] - 2t\mathbb{E}[(Y-\mu_Y)(X-\mu_X)] + \mathbb{E}[(Y-\mu_Y)^2] \\
&= \sigma_X^2 t^2 - 2\sigma_{XY}t + \sigma_Y^2
\end{aligned}$$

Sea

$$t = \frac{\sigma_{XY}}{\sigma_X^2}$$

Reemplazando tenemos

$$\mathbb{E}[Z^2] = \frac{\sigma_X^2\sigma_Y^2 - \sigma_{XY}^2}{\sigma_X^2}$$

Dado que $\mathbb{E}[Z^2] \geq 0$, por lo tanto $\sigma_{XY} \leq \sigma_X\sigma_Y$

Artzner(1997) menciona dos simples casos donde los problemas del VaR son serios. El primero es una posición corta en opciones digitales y el segundo es en un portafolio de créditos concentrado.

Ejemplo 2.8 *Consideremos las siguientes dos opciones digitales de una acción, con la misma fecha de ejercicio T. La primera opción denotada por A (prima inicial u) paga 1,000 si el valor de la acción en el tiempo T es mayor que un U dado, y nada en otro caso. La segunda opción denotada por B (prima inicial l) paga 1,000 si el valor de la acción en el tiempo T es menor que L (con $L < U$), y nada en otro caso. Desde que los pagos de las opciones son no lineales, es claro que la distribución de ganancias-pérdidas es no normal a pesar de que el precio del activo subyacente siga una distribución normal. Supongamos que U y L son elegidos tales que $\mathbb{P}[S_T < L] = \mathbb{P}[S_T > U] = 0.8\,\%$ donde S_T es el precio de la acción en el tiempo T. Consideremos dos traders, el primero A y el segundo B, que elijan una unidad de la opción A y opción B, repectivamente. El VaR al 99 % de nivel de confianza del trader A es $-u$, por que la probabilidad que S_T es mayor que U es 0.8 %, el cual se encuentra por*

Cuadro 2.2: VaR de las opciones digitales.

Precio	Probabilidad	Opción A	Opción B	Opción A+B
$S_T < L$	0.8 %	u	$-1,000+l$	$-1,000+u+l$
$L \leq S_T \leq U$	98.4 %	u	l	$u+l$
$U < S_T$	0.8 %	$-1,000+u$	l	$-1,000+u+l$
VaR		$-u$	$-l$	$1,000-u-l$

encima del nivel de confianza. De manera similar para el VaR al 99 % de nivel de confianza del trader B es $-l$. Esto es un claro ejemplo del riesgo en la cola. VaR no tiene en cuenta las pérdidas de las opciones A y B por que la probabilidad de las pérdidas es menor que uno menos el nivel de confianza. Ahora consideremos una posición combinando las opciones A y B para mostrar que el VaR no es subaditivo. El VaR al 99 % de nivel de confianza de esta posición combinada (opción A mas opción B) es $1,000-u-l$, porque la probabilidad que S_T sea mayor que U o menor que L es 1.6 % lo cual es mayor que uno menos el nivel de confianza (1 %). Por lo tanto desde que la suma individual del VaR para cada opción es $-u-l$, es claro que el VaR es no subaditivo. Ver Cuadro 2.2.

2.3. Expected Shortfall

Artzner (1997) propone como medida de riesgo alternativa el uso del expected shortfall (también llamado VaR condicional). El expected shortfall es la esperanza condicional de las pérdidas dada que las pérdida esta por encima del VaR. El expected shortfall es definido como sigue

Definición 2.9 *Expected Shortfall. Para una pérdida L con $\mathbb{E}(|L|) < \infty$ y función de distribución F_L el expected shortfall con un nivel de confianza $\alpha \in (0,1)$ es definido como*

$$ES_\alpha = \frac{1}{1-\alpha}\int_\alpha^1 q_u(F_L)du$$

donde $q_u(F_L) = F_L^{\leftarrow}(u)$ es la función quantil de F_L El expected shortfall es por lo tanto relacionado al VaR por

$$ES_\alpha = \frac{1}{1-\alpha}\int_\alpha^1 VaR_u(L)du$$

Lema 2.10 *Para una pérdida integrable L con función de distribución continua F_L y $\alpha \in (0,1)$, tenemos*

$$ES_\alpha = \frac{\mathbb{E}(L; L \geq q_\alpha(L))}{1-\alpha} = \mathbb{E}(L|L \geq VaR_\alpha)$$

donde empleamos la siguiente notación $\mathbb{E}(X;A) = \mathbb{E}(X.I_A)$ para una variable aleatoria integrable genérica y un conjunto genérico $A \in \mathcal{F}$

Demostración.
Sea U una variable aleatorio uniforme en (0,1). Del teorema de probalidad elemental tenemos que la variable aleatoria $F_L^{\leftarrow}(U)$ tiene función de distribución F_L. Debemos de demostrar que

$$\mathbb{E}(L; L \geq q_\alpha(L)) = \int_\alpha^1 F_L^{\leftarrow}(u)du$$

Ahora

$$\begin{aligned}
\mathbb{E}(L; L \geq q_\alpha(L)) &= \mathbb{E}(F_L^{\leftarrow}(U); F_L^{\leftarrow}(U) \geq F_L^{\leftarrow}(\alpha)) \\
&= \mathbb{E}(F_L^{\leftarrow}(U); U \geq \alpha) \\
&= \int_\alpha^1 F_L^{\leftarrow}(u)du
\end{aligned}$$

la penúltima igualdad viene como consecuencia del hecho que $F_L^{\leftarrow}$ es estrictamente creciente desde que F_L continua.

⊡

En lugar de fijar un determinado nivel de confianza α como es la definición del VaR, lo que se realiza en el ES_α es promediar todas las pérdidas por encima del nivel de confianza $u \geq \alpha$ y por lo tanto profundizamos en la cola de la distribución. ES_α es continua con respecto a α. Por lo tanto independientemente de la distribución que empleemos podemos asegurar que la medida de riesgo dada por ES_α no cambiaría drásticamente cuando se produzca un cambio de ciertos puntos básicos en el nivel de confianza. Además, ES_α es una función monotónica en α

$$ES_\alpha(X) \leq ES_{\alpha+\epsilon}(X), \forall\alpha \in (0,1), \forall\epsilon > 0, \text{con } \alpha + \epsilon < 1$$

Por definición el expected shortfall es mayor que el VaR entonces los cálculos de requerimientos de capital son mas conservadores que el VaR. Sin embargo el requerimiento de capital calculado por el expected shortfall es díficil de interpretar con respecto a la probabilidad de incumplimiento de una empresa.

Ejemplo 2.11 *Sea X una variable aleatoria con función de distribución normal,* *entonces ES_α viene dado de la siguiente forma*

$$\begin{aligned}
ES_\alpha(X) &= \mathbb{E}[X|X \geq VaR_\alpha(X)] \\
&= \frac{\mathbb{E}\big[X.I_{X\geq VaR_\alpha(X)}\big]}{1-\alpha} \\
&= \frac{1}{(1-\alpha)\sigma\sqrt{2\pi}}\int_{VaR_\alpha(X)}^{\infty} t.e^{-\frac{t^2}{2\sigma^2}}dt \\
&= \frac{1}{(1-\alpha)\sigma\sqrt{2\pi}}\Big[-\sigma^2 e^{-\frac{t^2}{2\sigma^2}}\Big]_{VaR_\alpha(X)}^{\infty} \\
&= \frac{\sigma}{(1-\alpha)\sqrt{2\pi}}e^{-\frac{VaR_\alpha(X)^2}{2\sigma^2}} \\
&= \frac{\sigma}{(1-\alpha)\sqrt{2\pi}}e^{-\frac{q_\alpha^2\sigma^2}{2\sigma^2}} \\
&= \frac{e^{-\frac{q_\alpha^2}{2}}}{(1-\alpha)\sqrt{2\pi}}\sigma
\end{aligned}$$

Una de las ventajas del expected shortfall es que cumple la axioma de subaditividad de tal forma que nos garantiza una medida de riesgo coherente y en términos prácticos no permite una mejor asignación de capital cosa contraria a lo que pasa con el VaR. En la siguiente proposición vemos que se cumple el axioma de subaditividad.

Proposición 2.12 *Dada dos variables aleatorias X y Y con $\mathbb{E}[X^-] < \infty$ y $\mathbb{E}[Y^-] < \infty$ se cumple la siguiente desigualdad*

$$ES_\alpha(X+Y) \leq ES_\alpha(X) + ES_\alpha(Y)$$

para cualquier $\alpha \in (0,1)$

Para la demostración ver Apéndice B.

Capítulo 3

Aplicación

3.1. Retorno de portafolio

Primero introduciremos la definición de retorno de portafolio. El retorno del portafolio Δr es la diferencia entre valores del portafolio, i.e. $\Delta r = r_{t+1} - r_t$, donde r_t y r_{t+1} son los valores del portafolio en el tiempo t y $t+1$ respectivamente. El retorno del portafolio puede ser descrito por la tasa de retorno. Sin embargo, existe dos tipos de tasas: Aritmética y geométrica. La tasa de retorno aritmética R_a es el retorno del portafolio dividido entre el valor original del portafolio, lo que en la práctica se conoce como la variación porcentual, i.e. $R_a = \frac{r_t - r_{t-1}}{r_{t-1}}$, y la tasa de retorno geométrica R_g es el logaritmo del ratio del precio, i.e. $R_g = \ln \frac{r_t}{r_{t-1}}$. De esta forma podemos establecer la siguiente relación entre la tasa de retorno geométrica y aritmética

$$R_g = \ln \frac{r_t}{r_{t-1}} = \ln(1 + R_a)$$

Si el horizonte de tiempo es corto, digamos un día, la tasa de retorno aritmética diaria R_a es alrededor de cero, entonces por la expansión de Taylor tenemos

$$R_g = R_a - \frac{R_a^2}{2} + \frac{R_a^3}{3} - \cdots \Rightarrow R_g = R_a$$

Por lo tanto daría lo mismo trabajar con cualquiera de las dos tasas.

3.2. Métodos de estimación

Existen diferentes aproximaciones metodológicas para la estimación del VaR y Expected Shortfall las cuales se pueden clasificar en dos grandes grupos: 1) la simulación histórica o aproximación no-paramétrica que no supone ninguna distribución o necesidad de estimar parámetros; 2) aproximación paramétrica que implica suponer una distribución y estimar unos parámetros. En general, los resultados que se obtienen de aplicar las diferentes aproximaciones son diferentes y el empleo de estos modelos deberá ser evaluada según el caso.

Modelos no paramétricos Los modelos más generales son los modelos no paramétricos los cuales basan sus posibles escenarios de distribución de rendimientos en función de la data histórica. De esta forma la estimación del VaR a través de la simulación histórica se basa en mantener las posiciones actuales de la cartera o portfolio y con ello obtener una serie de distintos valores finales en función de los rendimientos observados en el pasado. Luego con estos posibles valores se genera la distribución de ganancias y pérdidas del portafolio que serán utilizadas para realizar el cálculo del VaR a un determinado nivel de confianza, que por lo general se considera al 95 % o 99 %. La principal ventaja de este enfoque de simulación histórica radica en que no se realiza ningún supuesto sobre la distribución de los rendimientos ya que se basa en escenarios que se han dado durante la historia, de esta forma es menos restrictivo comparado con los modelos paramétricos. Así se garantiza una mejor estimación del VaR en presencia de distribuciones de colas anchas o con eventos extremos. Sin embargo los modelos no paramétricos son restrictivos debido a que solo considera como posibles variaciones o situaciones futuras a escenarios ocurridos en el pasado, limitando de esta forma al modelo de incorporar situaciones no reflejadas que son muy poco probables en los rendimientos históricos. Del mismo modo el enfoque de simulación histórica no incorpora en su estimación de rendimientos, cambios permanentes en los factores de riesgo como consecuencia de diferentes situaciones que se hayan producido en el pasado y que aún no se han visto reflejados en las observaciones históricas.

Modelos paramétricos Los modelos paraméticos son la forma más simple de calcular ambas medidas de riesgo: VaR y ES. Estos modelos asumen de antemano una distribución de rendimentos conocida que en la mayoría de casos suele ser una distribución normal. En los casos donde se asume una distribución conocidad el VaR puede derivarse de la desviación estándar del portafolio usando un factor multiplicativo que va a depender del nivel de confianza elegido. Esta metodología es simple y sencilla, el principal problema radica en si la distribución asumida esta de acuerdo a la realidad. Se usa la distribución de rendimientos históricos para el cálculo de las volatilidades y de las correlaciones entre los activos que conforman la cartera. Como ya se mencionó anteriormente se asume que el comportamiento de los factores sigue una distribución normal y cuya relación con el valor de la cartera sigue una relación lineal. El supuesto de normalidad del portafolio se justifica a través del Teorema de Límite Central que demuestra que el promedio de variables aleatorias independientes converge a una distribución normal a medida que se incrementa el tamaño de la muestra. Sin embargo, esta metodología tiene problemas ante la existencia de colas anchas en la distribución de retornos de la mayoría de activos financieros. En esta situación, la estimación VaR basada en una distribución normal puede resultar subestimada respecto al verdadero VaR lo que podría llevar a tomar decisiones erróneas al momento de medir el riesgo.

3.3. Caso de Aplicación

Tomaremos el Indice General de la Bolsa de Valores de Lima(IGBVL) para la aplicación de las medidas de riesgo: VaR y Expected Shortfall. Se ha considerado el IGBVL debido a que resume el comportamiento bursátil es decir refleja la tendencia promedio de los rendimientos alcanzados de las acciones más significativas de la negociación bursátil. El periodo de análisis es desde enero 2000 hasta diciembre 2012 con frecuencia diaria, durante este periodo el comportamiento del IGBVL ha tenido momentos de neto crecimiento (desde el 2000 hasta el 2006) producto de un ambiente macroeconómico estable así como de un fortalecimiento de las acciones mineras locales. El IGBVL también ha tenido situaciones adversas (2009) como consecuencia de la crisis internacional que afecto a la mayoría de mercados internacionales, estás últimas situaciones que se consideran poco probables cuando se está en un ambiente de crecimiento y apogeo son las que nos hacen tener presente las medidas de riesgo. Para el tratamiento de los datos emplearemos el software estadístico R versión 2.13.1. Ver Figura 3.1.

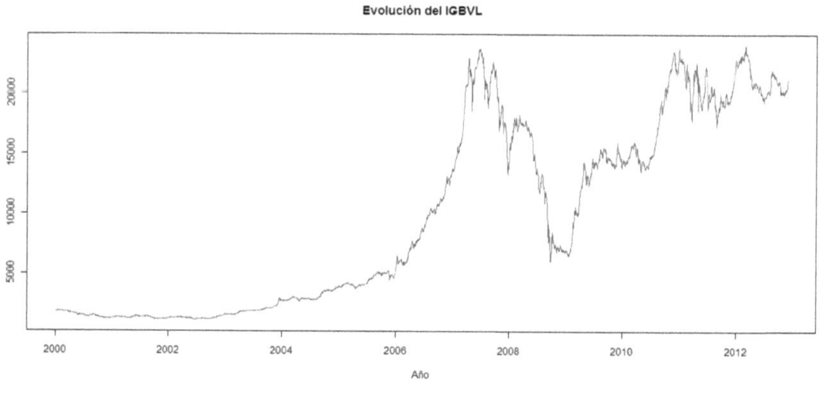

Figura 3.1: Evolución del Indice General de la Bolsa de Valores de Lima desde Enero 2000 hasta Diciembre 2012

3.3.1. Cálculo del VaR y Expected Shortfall

Para la estimación de las medidas de riesgo emplearemos los métodos descritos anteriormente. El cálculo se realizará sobre los retornos geométricos diarios del IGBVL. En la Figura 3.2 se pueden apreciar que los retornos diarios presentan cada vez más volatilidad, especialmente durante el 2009, por lo que se hace necesario realizar una adecuada medición del riesgo.

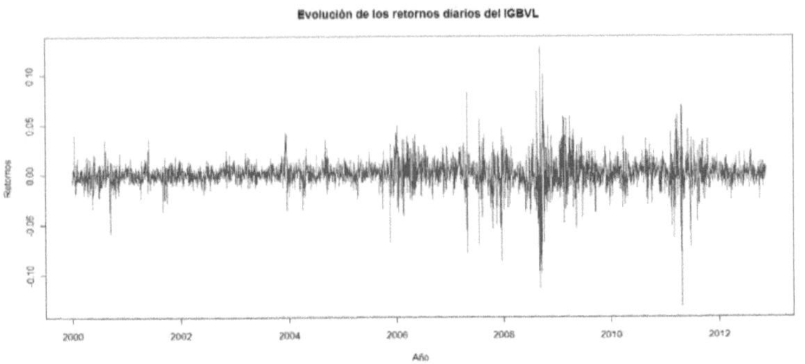

Figura 3.2: Evolución de los retornos del IGBVL

En La Figura 3.3 se muestra el histograma de los retornos diarios para el periodo de análisis así como el gráfico qqplot el cual es un gráfico de probablidad, que compara dos distribuciones de probabilidad a través del ploteo de los cuantiles de uno contra otro. De la figura del histograma podemos apreciar que que la distribución de retornos presenta picos más altos que los asociados a una distribución normal evidenciándose esto en el coeficiente de curtosis de los retornos (aprox. 11) el cual es mucho mayor que el de una distribución normal (la curtosis de una variable aleatoria con distribución normal es 0). Así mismo de la figura del qqplot se puede notar que los cuantiles empíricos no coinciden en la mayoría de casos con los cuantiles de una distribución normal presentándose principalmente eventos extremos en las colas de la distribución. De esta forma debido a que no se asemeja a una distribución conocida trabajaremos con la metodología no paramétrica para la estimación de las medidas de riesgo.

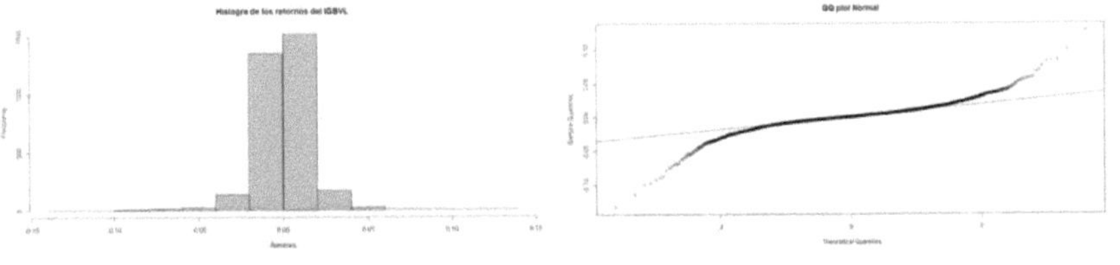

Figura 3.3: Evolución de los retornos del IGBVL

Para el cálculo de las medidas de riesgo VaR y Expected Shortfall emplearemos una ventana histórica de 252 días dado que refleja el número de días laborales de un año. Los niveles de confianza a trabajar serán el 95 % y 99 % los cuales nos ayudaran a establecer diferencias entre ambas medidas, ambos niveles de confianza son muy empleados en aplicaciones prácticas.

En la Figura 3.4 comparamos el VaR y Expected Shortfall a un nivel de confianza de 99 %. Podemos apreciar que ambas medidas siguen un comportamiento similar y que el Expected Shortfall, como ya se mencionó, es una medida de riesgo más conservadora que el VaR y que hace frente a pérdidas más extremas que el VaR. Un comportamiento similar tendrían en VaR y Expected Shortfall al 95 % de confianza.

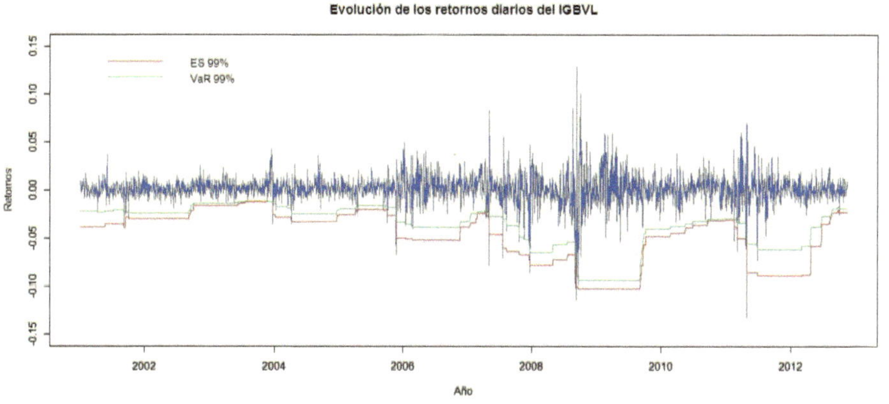

Figura 3.4: VaR y ES al 99 % para la evolución de los retornos

En la Figura 3.5 se aprecia el VaR para los dos niveles de confianza elegidos. Vemos que el VaR al 99 % es más conservador y hace frente a pérdidas más extremas sin embargo vemos que aún a este nivel de confianza tenemos cierta cantidad de eventos extremos que no pueden ser capturados.

De la misma forma que se compara el VaR también podemos comparar el ES para los niveles de confianza elegidos. Como era de esperarse el ES al 99 % es mucho más conservador que el ES al 95 %, ver Figura 3.6.

También podemos comparar el VaR al 99 % y el ES al 95 % para ver cual de las dos medidas y con que nivel de confianza es más conservadora que la otra. En la Figura 3.7 se puede notar que el VaR al 99 % es una medida más conversadora que un ES al 95 % sin embargo el ES sigue el movimiento de los retornos.

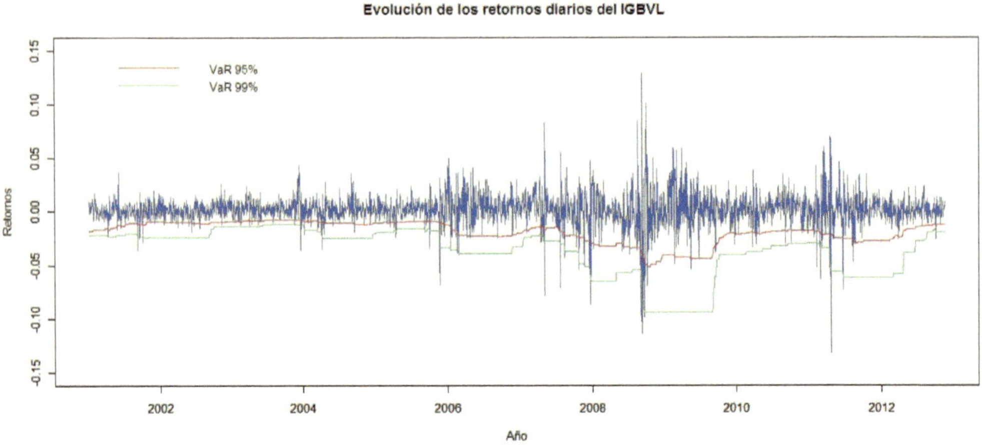

Figura 3.5: VaR al 95 % y 99 % de niveles de confianza

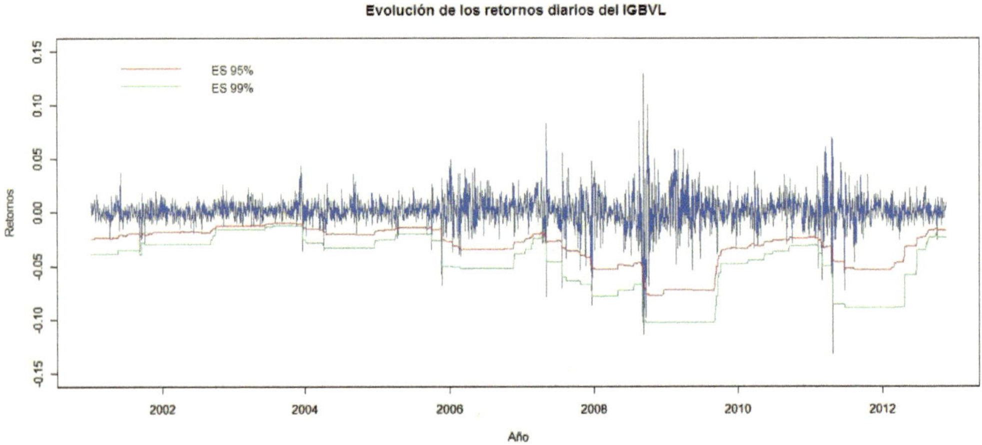

Figura 3.6: ES al 95 % y 99 % de niveles de confianza

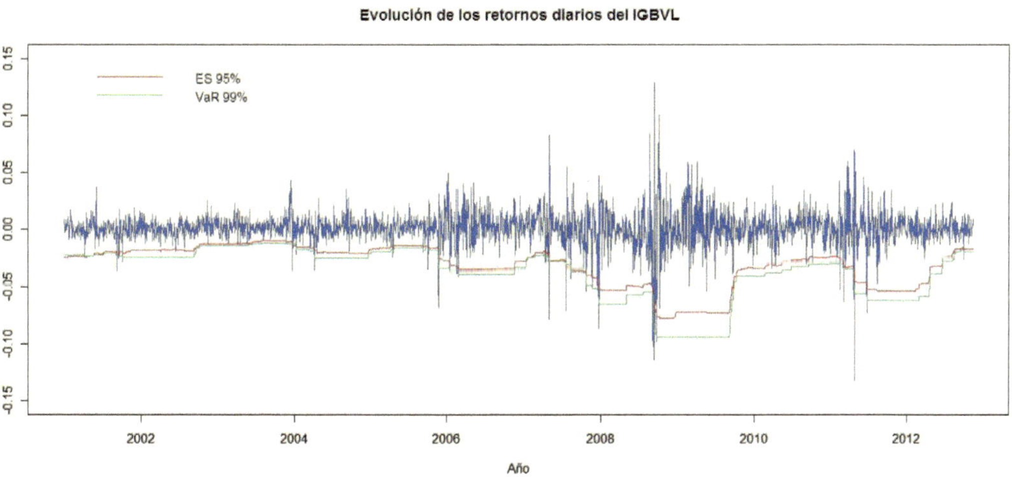

Figura 3.7: ES al 95 % y VaR al 99 % de nivel de confianza

Capítulo 4

Conclusiones

El objetivo fundamental de la tesis era dar a conocer de manera intuitiva y sustentable la parte matemática que se encuentra detrás de las dos principales medidas de riesgo: VaR y ES. De esta forma la presente investigación desprende una serie de conclusiones relevantes que refuerzan trabajos ya realizados. Asimismo, podemos manifestar que la importancia de medir adecuadamente el riesgo para una institución financiera muchas veces radica en la adecuada elección de una medida que nos permita estar seguros de su capacidad en la medición. En ese sentido se ha logrado establecer en el presente trabajo las siguientes conclusiones:

1. La importancia de los axiomas de coherencia para poder establecer una adecuada medida de riesgo así como el avance matemático en el campo de las finanzas especialmente en riesgos.

2. El VaR como medida de riesgo tiende a subestimar el riesgo ante la presencia de eventos extremos o de colas anchas sin embargo tiene una aceptación en la industria debido a su fácil interpretación e implementación.

3. El Expected Shortfall como alternativa para medir el riesgo de un portafolio es una medida adecuada ya que cumple con los axiomas de coherencia de manera principal el de subaditividad.

4. Se demostró de manera practica a través de la aplicación con el IGBVL que el Expected Shortfall es un medida de riesgo más conservadora que el VaR, dado que el Expected Shortfall solo considera las pérdidas en la cola.

Capítulo 5

Recomendaciones

A lo largo del presente trabajo de investigación hemos podido establecer diferencias entre el VaR y el ES. Estas diferencias nos han permitido ver las bondades del ES con respecto al VaR, en ese sentido establecemos las siguientes recomendaciones:

1. En el empleo del VaR como medida de riesgo, recomendamos tener en cuenta los pros y contras del uso de tal medida. Ser conscientes de las limitaciones del VaR en situaciones con probabilidad de ocurrencia por encima del nivel de confianza determinado.

2. Al ser una medida de riesgo coherente recomendamos el empleo del Expected Shortfall para la gestión del riesgo en instituciones financieras, siendo su principal ventaja el cumplimiento de la subaditividad la cual nos va a garantizar una adecuada asignación de capital.

3. Explicar de manera intuitiva el Expected Shortfall. El empleo de esta medida es muchas veces resistido debido a su difícil interpretación, sin embargo, como ya se demostró, es una medida que puede dar muchos beneficios a la gestión de la institución.

4. Para empresas con criterio conservador el Expected Shortfall resulta una medida más adecuada debido a que se establece por encima del VaR y nos cubre de situaciones más extremas.

Apéndice A

Basilea

El Comité de Basilea brinda mejores prácticas y acuerdos que consisten en recomendaciones sobre la legislación y regulación bancaria de modo que estas tomen las medidas necesarias para que se ejecuten de la mejor manera en el ámbito local.

En 1974 el Comité de Basilea (Basilea I), compuesto por los gobernadores de los bancos centrales del G-10, brinda las primeras recomendaciones con respecto a los requerimientos de capital: Establece un requerimiento de capital mínimo que debe tener una entidad bancaria en función de los riesgos que afronta en su portafolio. Entre los riesgos identificados por Basilea I se encuentran: Riesgo de crédito, mercado y tipo de cambio. Donde cada uno de estos riesgos se mide en base a criterios aproximados y sencillos. Por ejemplo, para medir el riesgo de crédito se muestran lineamientos de acuerdo a la estructura de sus activos de la institución bancaria ponderados por una proporción de riesgo de dichos activos (APR: Activos Ponderados por Riesgo).

Sin embargo, la principal debilidad de Basilea I es que carece de sensibilidad al riesgo. En ese sentido no se cumple el hecho de que a mayor riesgo mayor cargo de capital para cubrir dicho riesgo asumido. De esta forma las instituciones financieras tendrían un incentivo a tomar mayor riesgo sin las adecuadas exigencias de capital dado el riesgo incurrido.

De esta forma en el 2004 el Comité de Basilea propone nuevas recomendaciones (Basilea II) con la intención de rectificar Basilea I generando un modelo más sensible al riesgo en función a ciertos parámetros que se establecen en este nuevo marco de acuerdos. Estos acuerdos se basan en 3 pilares: El Pilar I se refiere al cálculo de los requisitos mínimos de capital, aquí por ejemplo se establecen nuevos parámetros para el cálculo de riesgo de crédito: Probabilidad de incumplimiento, pérdida dado el incumplimiento y exposición ante el incumplimiento. El Pilar II se refiere al proceso de supervisión de la gestión de los fondos propios, es decir los organismos supervisores nacionales estan capacitados para incrementar el nivel prudencial exigido, además son los encargados de validar los diferentes métodos estadísticos que se emplean para cálcular los parámetros riesgo. Finalmente el Pilar III nos habla de la disciplina de mercado, es decir de las buenas prácticas bancarias así como normas de transparencia y publicación periódica de información acerca de sus exposición frente a los diferentes riesgos asumidos.

Apéndice B

Expected Shortfall

Definiremos a continuación lo que se conoce en el literatura como α-tail que nos va a ayudar en la demostración de la subaditividad. Por simplicidad también daremos una notación alternativa al ES, pero que en términos prácticos sigue queriendo decir lo mismo.

Definición B.1 *Sea* $\mathbb{E}[X^-] < \infty$. *Definiremos* α*-tail mean de la siguiente manera:*

$$\hat{x}_{(\alpha)} = TM_{(\alpha)}(X) = \frac{1}{\alpha}\big(\mathbb{E}[X1_{\{X \le x_{(\alpha)}\}}] + x_{(\alpha)}(\alpha - \mathbb{P}[X \le x_{(\alpha)}])\big)$$

Entonces también podemos definir el Expected shortfall de la siguiente manera

$$ES_\alpha = ES_\alpha(X) = -\hat{x}_{(\alpha)}$$

Sea

$$\mathbf{1}^{(\alpha)}_{\{X \le x\}} = \begin{cases} \mathbf{1}_{\{X \le x\}} & , \text{ si } \mathbb{P}[X = x] = 0, \\ \mathbf{1}_{\{X \le x\}} + \frac{\alpha - \mathbb{P}[X \le x]}{\mathbb{P}[X = x]}\mathbf{1}_{\{X = x\}} & , \text{ si } \mathbb{P}[X = x] > 0. \end{cases} \tag{B.1}$$

Podemos verificar que

$$\mathbf{1}^{(\alpha)}_{\{X \le x(\alpha)\}} \in [0, 1] \tag{B.2}$$

En efecto demostraremos (B.2) para el caso $X = x_{(\alpha)}$

$$\begin{aligned} \mathbf{1}^{(\alpha)}_{\{X \le x_{(\alpha)}\}}|_{\{X = x_{(\alpha)}\}} &= 1 + \frac{\alpha - \mathbb{P}[X \le x_{(\alpha)}]}{\mathbb{P}[X = x_{(\alpha)}]} \\ &= 1 + \frac{\alpha - F(x_{(\alpha)})}{F(x_{(\alpha)}) - F(x^-_{(\alpha)})} \\ &= \frac{q - F(x^-_{(\alpha)})}{\mathbb{P}[X = x_{(\alpha)}]} \end{aligned}$$

La segunda igualdad es por definición de $x_{(\alpha)}$, $\mathbb{P}[X = x_{(\alpha)}] = F(x_{(\alpha)}) - F(x^-_{(\alpha)})$. La pertenencia es como consecuencia de $F(x^-_{(\alpha)}) \leq q \leq F(x^+_{(\alpha)}) = F(x_{(\alpha)})$. La expresión (B.1) también cumple

$$\mathbb{E}[\mathbf{1}^{(\alpha)}_{\{X \leq x_{(\alpha)}\}}] = q$$

$$\alpha^{-1}\mathbb{E}[X\mathbf{1}^{(\alpha)}_{\{X \leq x_{(\alpha)}\}}] = \hat{x}_{(\alpha)}$$

En efecto, tenemos

$$\mathbb{E}\left[\mathbf{1}_{\{X \leq x_q\}} + \frac{q - F(x_q)}{\mathbb{P}[X = x_q]}\mathbf{1}_{\{X = x_q\}}\right]$$

Por la linealidad de la esperanza tenemos

$$\mathbb{E}[1_{\{X \leq x_q\}}] + \mathbb{E}\left[\frac{q - F(x_q)}{\mathbb{P}[X = x_q]}1_{\{X = x_q\}}\right] \tag{B.3}$$

Debido a la definición de $\mathbf{1}^{(\alpha)}_{\{X \leq x_{(\alpha)}\}}$ tenemos que si $X < x_q$ el segundo término de la ecuación (B.3) es igual a cero, por lo que nos quedaría

$$\mathbb{E}[\mathbf{1}_{\{X \leq x_q\}}] = \mathbb{P}[X \leq x_q] = q$$

En el caso que $X = x_q$, la función indicadora de la ecuación (B.3) se hace uno en ambos términos, entonces tenemos

$$1 + \mathbb{E}\left[\frac{q - F(x_q)}{\mathbb{P}[X = x_q]}\right]$$

$$1 + \frac{q - \mathbb{E}[F(x_q)]}{1}$$

$$1 + q - \mathbb{E}[F(x_q)]$$

Dado que $\mathbb{E}[F(x_q) = \mathbb{P}[X \leq x_q] = \mathbb{E}[\mathbb{P}[X < x_q] + \mathbb{P}[X = x_q]]$ Tenemos que el valor esperado para el segundo caso es q.

Proposición B.2 *Dada dos variables aleatorias X y Y con $\mathbb{E}[X^-] < \infty$ y $\mathbb{E}[Y^-] < \infty$ se cumple la siguiente desigualdad*

$$ES_\alpha(X + Y) \leq ES_\alpha(X) + ES_\alpha(Y)$$

para cualquier $\alpha \in (0, 1)$

Demostración.
Definamos $Z = X + Y$, por (B.1) tenemos

$\alpha(ES_\alpha(X) + ES_\alpha(Y) + ES_\alpha(Z)) =$

$$
\begin{aligned}
&= \mathbb{E}[Z\mathbf{1}_{\{Z\leq z_{(\alpha)}\}} - X\mathbf{1}_{\{X\leq x_{(\alpha)}\}} - Y\mathbf{1}_{\{Y\leq y_{(\alpha)}\}}] \\
&= \mathbb{E}[X(\mathbf{1}_{\{Z\leq z_{(\alpha)}\}} - \mathbf{1}_{\{X\leq x_{(\alpha)}\}}) + Y(\mathbf{1}_{\{Z\leq z_{(\alpha)}\}} - \mathbf{1}_{\{Y\leq y_{(\alpha)}\}}] \\
&\geq x_{(\alpha)}\mathbb{E}[(\mathbf{1}_{\{Z\leq z_{(\alpha)}\}} - \mathbf{1}_{\{X\leq x_{(\alpha)}\}})] + y_{(\alpha)}\mathbb{E}[(\mathbf{1}_{\{Z\leq z_{(\alpha)}\}} - \mathbf{1}_{\{Y\leq y_{(\alpha)}\}})] \\
&= x_{(\alpha)}(\alpha - \alpha) + y_{(\alpha)}(\alpha - \alpha) \\
&= 0
\end{aligned}
$$

En la desigualdad empleamos lo siguiente

$$
= \begin{cases} \mathbf{1}^{(\alpha)}_{\{Z\leq z(\alpha)\}} - \mathbf{1}^{(\alpha)}_{\{X\leq x(\alpha)\}} \geq 0 & \text{, si } X > x_{(\alpha)}, \\ \mathbf{1}^{(\alpha)}_{\{Z\leq z(\alpha)\}} - \mathbf{1}^{(\alpha)}_{\{X\leq x(\alpha)\}} \leq 0 & \text{, si } X < x_{(\alpha)}. \end{cases} \tag{B.4}
$$

la cual es como consecuencia de las propiedades de B.1. ⊡

Apéndice C

Aplicación: Especificaciones

Para el tratamiento de la información se ha empleado el software R, el empleo de este software nos permitió darle mayor versatilidad a nuestro análisis. Dada la importancia del software en nuestra aplicación daremos una breve descripción del mismo: R es un lenguaje y entorno de programación para el análisis estadístico y gráfico. Se trata de un proyecto de software libre desarrollado inicialmente por Robert Gentleman y Ross Ihaka en 1993 como una iniciativa para reemplazar el lenguaje de programación S (muy empleado en estadística, bioestadística, matemática financiera, etc), actualmente su desarrollo es responsabilidad de R Development Core Team. Dada su naturaleza R forma parte de un proyecto colaborativo y abierto en el cual se permite a los usuarios desarrollar paquetes especializados para áreas más específicas, de esta forma podemos agrupar paquetes de acuerdo a ciertos temas:estadística bayesiana, series de tiempo, distribuciones, test estadísticos, etc. Otra de las ventajas de este software es la disponibilidad para diversos sistemas operativos tales como Windows, Macintosh, Unix, GNU/Linux. En nuestro caso empleamos la versión 2.13.1 aplicada al sistema operativo Windows. Asimismo tambien podemos mencionar su gran capacidad gráfica así como su integración con distintas bases de datos (por ejemplo:SQL)
Finalmente en un CD adjuntamos los datos que se han empleado en el ejercicio de la aplicación para poder replicar el análisis hecho en el presente trabajo y poder dar más luces acerca del presente trabajo.

Bibliografía

[1] Artzner, P. , F. Delbaen, J. Eber, D. Heath *Coherent Measure of Risk.* Mathematical Finance, 1999.

[2] C. Acerbi, C.Nordio and C. Sirtori *Expected Shortfall as a tool for financial risk management.* Italian Association for Financial Risk Managament, 2001.

[3] P. Artzner, F. Delbaen, J. Eber, D. Heath *Thinking Coherently.*Risk, 1997.

[4] F. Delbaen *Coherente measures of risk on general probability spaces.* ETH Zurich, 2, 2000.

[5] P. Artzner *Application of coherent risk measures to capital requirements in insurance.* North American Actuarial Journal, 1999.

[6] Basel Committee on Banking Supervision. *Capital requirements and bank behavior:the impact of the Basel accord.* BIS, 1999.

[7] M. Denault. *Coherent allocation of risk capital.* Journal of Risk, 2001.

[8] R. Rockafellar and S. Uryasev *Optimization of conditional Value-at-Risk.* Journal of Risk, 2000.

[9] R. Rockafellar and S. Uryasev. *Conditional value-at-risk for general loss distributions.* Journal of Banking and Finance, 2002.

[10] R. Rockafellar and S. Uryasev. *Deviation measures in risk analysis and optimization.* Research report, 2002.

[11] Y. Yamai and T. Yoshiba *On the Validity of Value-at-risk: Comparative Analyses with Expected Shortfall.* Institute for Monetary and Economic Studies, Bank of Japan, 2002